日本
花艺
名师
的
人气
学堂

花束设计与制作 ②

四季花束色彩搭配

（日）藤野幸信◎著　　于泳◎译

化学工业出版社
·北京·

KISETSUNO IROAI WO TANOSHIMU BOUQUET by Yukinobu Fujino
Copyright © 2018 by Yukinobu Fujino
All rights reserved.
Original Japanese edition published by Seibundo Shinkosha Publishing Co., Ltd.

This Simplified Chinese language edition is published by arrangement with
Seibundo Shinkosha Publishing Co., Ltd., Tokyo in care of Tuttle-Mori Agency, Inc.,
Tokyo through Inbooker Cultural Development (Beijing) Co., Ltd., Beijing.

本书中文简体字版由 Seibundo Shinkosha Publishing Co., Ltd. 授权化学工业出版
社独家出版发行。
本书仅限在中国内地（大陆）销售，不得销往中国香港、澳门和台湾地区。未
经许可，不得以任何方式复制或抄袭本书的任何部分，违者必究。

北京市版权局著作权合同登记号：01-2020-6534

摄影 / 北惠贤治 [花田摄影所]
装帧设计 / 前田淳二

特别感谢
藤野晴美

[模特]
WellStone
[场地]
Apérto
green coffee
BOULANGER SHIGEMI
[花材提供]
Adore Flora
明日香园有限公司
日本花卉拍卖有限公司
京果园神田
JA Tosa Aki 芸西集运场
JA 长崎西海 Asturbe 小组委员会
信州片桐花卉园
梨元农场
野谷智树
高尾农场
Felice
寺尾花园
堀木园艺
折原园艺有限公司
Blowtech 科技有限公司
Wild Plants 吉村株式会社
横山园艺
樱井纯子
……

本书中所登载的内容（包括文字、图片、
作品、图表等）未经著作权人许可严
禁摘录、转载等商业用途的使用。

图书在版编目（CIP）数据

花束设计与制作 . 2，四季花束色彩搭配 / （日）藤
野幸信著；于泳译 .— 北京：化学工业出版社，2021.1
（日本花艺名师的人气学堂）
ISBN 978-7-122-37965-8

Ⅰ . ①花… Ⅱ . ①藤… ②于… Ⅲ . ①花束 - 花卉装饰
Ⅳ . ①S688.2 ②J525.1

中国版本图书馆 CIP 数据核字（2020）第 221648 号

责任编辑：林　俐　刘晓婷　　　　　　　　装帧设计：卡古鸟设计
责任校对：赵懿桐

出版发行：化学工业出版社（北京市东城区青年湖南街 13 号　邮政编码 100011）
印　　装：北京宝隆世纪印刷有限公司
880mm×1092mm　1/16　印张 7½　字数 200 千字　2021 年 1 月北京第 1 版第 1 次印刷

购书咨询：010-64518888　　售后服务：010-64518899
网　　址：http://www.cip.com.cn
凡购买本书，如有缺损质量问题，本社销售中心负责调换。

定　　价：69.00 元　　　　　　　　　　　　　　　版权所有　违者必究

前 言
P R E F A C E

走出久居的房间，来到户外或田间感受四季的色彩与气息。

以前法国的印象派画家们纷纷奔向郊外，捕捉转瞬即逝的光影与色彩，将它们定格在画布上。

喜欢绘画和观察生活的我，经历了生物学研究的学生时代，如今走入了鲜花的世界。

制作花束时，我习惯先从摄影的角度观察光影透过鲜花的景象。然后从当季花材中选择能够表达自己设计意图的花材，最后会意外地发现从未遇见过的花束以及色彩组合，在花束制作的画布上发现更多的惊喜。

色彩搭配没有绝对的限制，所以尽情享受不同季节的鲜花和叶材带来的美丽色彩和动人姿态。选择花材的同时，就奠定了花束的色彩基调。

将这本书送给热爱四季鲜花的朋友，如果能为大家提供一点点帮助将是我的荣幸。

fleurs trémolo
藤野幸信

目 录
CONTENTS

基本工具

下图是制作花束所需要的基本工具，有了这些工具，花束制作会更加得心应手。

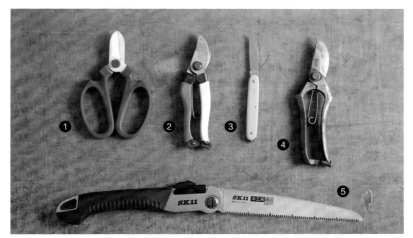

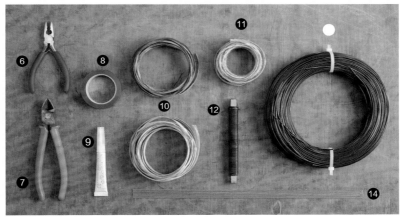

❶ 花艺剪
用于剪切草本花材。剪铁丝时请使用铁丝剪，避免刀刃受损。

❷ 枝剪（细枝）
用于剪切较细的木本枝材。根据枝材类型选择使用不同的枝剪，如果剪切像樱花枝那样粗壮的枝材请使用图 ❹ 所示的枝剪。

❸ 花艺刀
用于切割花材。相比花艺剪更加锋利，更容易切断花材。

❹ 枝剪（粗枝）
用于剪切粗壮的木本枝材。比图 ❷ 所示的枝剪尺寸更大，更容易剪断粗壮的枝材。

❺ 锯子
用于切割枝剪剪切不断的更粗壮的枝材。

❻ 钳子 ❼ 铁丝剪
分别用于拧紧和剪断铁丝。

❽ 花艺胶带
用于缠绕捆扎花材和铁丝。花艺胶带拉伸之后黏性更强，使用时边拉伸边缠绕。

❾ 黏合剂
用于黏合花材及资材。

❿ 拉菲草绳 ⓫ 麻绳
用于捆扎花束。可根据花束的颜色选择不同颜色的拉菲草绳或麻绳。

⓬ 木棒铁丝
常用于花环制作，能将花材牢固地固定在花环基座上。

⓭ 铝丝
容易加工且具有一定的韧度，经常用于手捧花制作，能起到支撑固定的作用。本书中使用的是直径 2mm 的铝丝。

⓮ 花艺铁丝
花艺制作中最常使用的铁丝类型，用于延长花茎的长度，增加作品的韵律感。花艺铁丝有各种型号，本书中主要使用的是 18# 和 20#。

花艺剪与枝剪的使用技巧

花艺剪和枝剪分别用于剪切花材的花茎以及粗壮的枝材，使用技巧如下。

花艺剪

为保证花材吸水面积最大，剪切花茎时要斜着剪切。倾斜的切面有利于花材吸水，能增加花材的保鲜时间。要使用锋利的花艺剪或者花艺刀进行剪切。

枝剪

比较粗壮的枝材难以一次剪断。可将枝材先斜剪出一个切口，然后在切口下端水平方向再剪一次，露出斜面。在切口的反方向也同样进行斜面和水平方向剪切，使枝材呈现 V 字形的切口。重复上述操作将枝材不断剪细，直到剪断。

春天

早春的球根花束

用铃兰、葡萄风信子、郁金香、银莲花
等能够体验到春天气息并能让人感觉快
乐的球根花材制作而成的早春花束。

花材

铃兰	20 枝
郁金香	10 枝
银莲花	15 枝
'海洋魔法'葡萄风信子（带球根，蓝色）	10 个
'兰蒂'葡萄风信子（带球根，紫色）	5 个
落新妇	20 枝
花格贝母	15 枝
羽扇豆	10 枝
薰衣草	30 枝

材料

20# 花艺铁丝
拉菲草绳

配色要点

❶

❷

❸

❶ 用薰衣草等灰色调的花材突显铃兰纯净的白色。

❷ 集中使用暗色调的花材会使花束整体变得沉重，因此尽量将暗色调花材分散放置。

❸ 配叶使用铃兰和花格贝母的绿叶。为了突显花朵，应尽量选择形状简单且相似的叶材。

准备工作

　　多余的叶子会影响螺旋花束的制作，而且叶子浸入水里时容易腐烂，导致花期缩短。因此制作花束前请先去掉多余的叶子。

郁金香

拿住郁金香花茎下部，边旋转边撕掉叶子。花茎上残留的叶子，要用花剪剪掉。葡萄风信子和花格贝母也做同样的处理。

不要直接向下撕扯叶子，以免损伤花茎。

羽扇豆

制作花束时，手柄部分的叶子都要用花剪剪掉。去掉花头下 20cm 的叶子，基本能适用于多数花束。落新妇也做同样的处理。

薰衣草

一手捏住花茎，一手从上往下把叶子撸掉。

铃兰

将花茎上干枯的鳞片剥掉，叶子与花的连接部分就会暴露出来。在花叶连接部分剪掉球根，剪切下来的叶子与花可单独使用。

用花艺铁丝固定葡萄风信子

同郁金香一样去掉叶子，在球根与花茎的连接处缠绕 20# 花艺铁丝，缠绕两圈，注意缠绕时不要折断花茎。

将铁丝插入花束，弯曲铁丝，就可以自由变化葡萄风信子花头的方向。

制作步骤

❶ 选一枝花茎较长的铃兰用食指和拇指捏住，铃兰尽量垂直于手，另取一枝铃兰斜着叠放在上面。

❷ 将另一枝铃兰放在与步骤 1 斜放的铃兰相对称的下方，花头方向随机。

❸ 用步骤 1 和 2 的方法添加辅助花材郁金香，花茎交叉点处就形成了螺旋形，这就是花草的螺旋式手法。

❹ 当花材的量用食指和拇指捏不住时，将花材放进食指与拇指间的虎口处轻轻握住。

❺ 在与铃兰相同高度处加入落新妇，这 2 种花材比其他花材稍微突出。

❻ 加入花格贝母。巧妙利用花格贝母的叶子，让叶子包裹或覆盖花朵。

❼ 在与郁金香同样高度处加入银莲花。

❽ 加入羽扇豆。

❾ 薰衣草因为花头较小，存在感较弱，可以 2~3 枝组合在一起使用，分别加入花束的 3 个位置。

❿ 从花束的侧面、上面等不同角度，对花束进行检查。边观察花束的形状与配色是否协调，边加入辅助花材。

⓫ 俯视看到的花束形态。银莲花花蕾放置一段时间后会开放，影响花束整体的形状，所以不要将 2 枝银莲花花蕾紧挨着加入花束。

⓬ 为了方便操作，在花束制作过程中，可以把过长的花茎剪短。

选择花茎弯曲的落新妇添加在花束的外围，增添花束的柔美感。

调整花格贝母的叶子，使其从花束中跳脱出来。如果将全部的花材都做成规整的放射状，花束会显得比较呆板，因此要将花头自然地朝向不同的方向。

铃兰花茎比较短，可以将其放在花束外围，使手持部分更加稳固。

花材基本上加入花束后的状态。从侧面检查花束是否为均匀的半球形。

从正上方检查花束是否为规整的圆形。

在花束内部和外围分别加入固定有铁丝的葡萄风信子。花茎如果是规则的螺旋形，葡萄风信子能非常容易添加进去。

除铃兰叶以外所有花材加入花束后的状态。

从正上方看到的花束形态。

将缠绕在葡萄风信子球根上的铁丝弯曲,使花头向下弯曲延伸,非常活泼有趣。

用铃兰的叶子遮挡葡萄风信子上的铁丝。

铃兰叶全部加入后的状态。

从正上方看到的花束形态。

用扁平的拉菲草绳缠绕花茎5~6圈。

用力打两个死结,剪掉多余的绳子。

用铁丝剪剪短葡萄风信子球根上的铁丝。注意不要用花艺剪剪铁丝,容易损伤剪刀。

将花束按大致的长度修剪之后,将花茎末端全部斜剪,增加花材的吸水性。

红蓝白三色花束

将红白渐变的银莲花、红色的香豌豆与小巧的蓝色葡萄风信子等一起捆扎成束,制成具有法式风情的春季花束。

花材

花材	数量
银莲花	10 枝
香豌豆	20 枝
圣诞玫瑰（绿色）	10 枝
葡萄风信子	30 枝
黑种草（蓝色）	15 枝
'绿铃'白玉草	30 枝
巧克力天竺葵	10 枝

配色要点

这是一束以红色为主，蓝色、白色为辅的三色花束。将柔和的蓝色花材均匀地点缀在花束中，以突出银莲花和香豌豆艳丽的红色。

制作步骤

1 将主花材银莲花作为花束的中心。

2 在与银莲花同样的高度加入巧克力天竺葵、香豌豆和圣诞玫瑰。

3 继续加入白玉草、黑种草、葡萄风信子和圣诞玫瑰。白玉草要稍稍高于其他花材，使花蕾跳出花束，但是不要过高。黑种草如同胡须一样的苞叶使用方法同叶子一样。

4 在花束制作过程中要确认主花材银莲花、辅助花材黑种草和葡萄风信子在花束中的位置是否均衡。

5 加入大部分花材后的状态。

6 将巧克力天竺葵加入花束的底部，制作完成。

蓝紫色渐变花束

由三色堇、银莲花和葡萄风信子组成的紫蓝色渐变花束被薄荷香气包裹，可以作为清新的春季礼物送给朋友。

花材

三色堇	20 枝
银莲花	10 枝
葡萄风信子	25 枝
花毛茛（绿色）	10 枝
立金花	10 枝
圆叶薄荷	30 枝

配色要点

❶ 紫色、白色双色的银莲花和三色堇。春天搭配新绿色的花材，秋天搭配经典的褐色、咖啡色花材或者红叶，可以营造不同的花束氛围。

❷ 使用同一品种不同颜色的三色堇，可以丰富花束的表情。

❸ 尽管使用了古典的紫色作为主色，但花毛茛的浅绿色和葡萄风信子的浅蓝色使得花束春色盎然。

制作步骤

将 3～4 枝颜色不同的三色堇按照螺旋式手法组合，形成花束的中心。

加入开放后花朵会变大的银莲花。

加入花毛茛、圆叶薄荷和立金花，使花束看起来自然协调。

加入葡萄风信子和立金花。这 2 种花材要比其他花材稍高些，使花束显得生动有趣，花头朝向自由，保持花束自然。

辅助花材葡萄风信子可以几枝组合在一起加入，增加存在感。

花材要均衡地放入花束。

三色堇的花头容易下垂，可以使用叶材或者其他花材支撑花头，使花头向上。

本作品中绿色的花毛茛起到绿色叶材的作用。为了不过于突显，需要分散插入。

加入大部分花材后的状态。花束中心的三色堇数量要多，呈现出一种三色堇被其他花材包围的感觉。

调整花束整体高度，在花束底部加入圆叶薄荷。

花束被圆叶薄荷完全包围，制作完成。

花束俯视图。

春天的新娘手捧花

用花毛茛、银莲花和香豌豆等组成瀑布形新娘手捧花。在柔和的粉色上添加鲜亮的粉红色和优雅的紫色，既呈现出缤纷的春色，又不乏稳重感。

花材

花毛茛	10 枝
银莲花	10 枝
丁香	16 枝
香豌豆	115 枝
蓝盆花	115 枝
黑种草	120 枝
豌豆叶	110 枝

配色要点

粉色与淡紫色的配色具有成熟感，深紫色具有优雅的感觉。

制作步骤

将 2 枝粗壮的豌豆叶放在一起作为花束的基座，其他花材平行于豌豆叶花茎逐步添加上去。

加入香豌豆、丁香、蓝盆花和黑种草，靠近手柄上侧花材逐渐变短。

继续加入豌豆叶、香豌豆、黑种草、蓝盆花和丁香。

将小的银莲花放在花束的上侧。

❺ 选择色泽浓郁的香豌豆放在下侧形成花束的轮廓。

❻ 将含苞待放的丁香放入花束的前端。

❼ 分层逐步添加银莲花和蓝盆花，不要将花材一起堆叠上去。

❽ 加入花毛茛，增加花束中间部分的体量感。

❾ 将蓝盆花和黑种草等小花放在花束的两侧。

❿ 花束基座添加完成后的状态。接下来将花束握在手里，用螺旋式手法添加花材。

⓫

保持花束前端流线型状态，在手持部分内侧加入具有体量感的丁香。

⓬

继续加入蓝盆花、黑种草、香豌豆和花毛茛。将花束拿在手里，检查整体的平衡状态。

⓭

花束制作过程中注意不要折断比较脆弱的花茎。

⓮

在手持部分也要加入花材打造出立体感。

⓯

在手持部分加入大朵的花材。花束出现凹陷的地方时，要做细致调整，使整个花束呈现饱满的状态。

⓰

用浓艳的香豌豆构成花束的整体轮廓，使花束显得更加紧凑，制作完成。

春天的茶色花束

偶尔也可以尝试一下用不常用的色彩来营造
春天的氛围。茶色的菊花、玫瑰和花毛茛，
及同色系的染色香豌豆，搭配清新的绿色叶
材，组成一束恬静的春日午后装饰花束。

花材

菊花（茶色）	10 枝
菊花（绿色）	3 枝
玫瑰	10 枝
花毛莨	10 枝
香豌豆	50 枝
蓝盆花	25 枝
'青苹果'宫灯长寿花	10 枝
金合欢	15 枝

配色要点

花毛莨与蓝盆花体型娇小，具有强烈的视觉收缩感，使花束整体变得紧凑。

制作步骤

❶

用茶色的菊花、玫瑰、金合欢组成花束的中心。

❷

将香豌豆加入花束中心的周围，并稍稍高于菊花。

❸

加入宫灯长寿花，加入的高度要使花蕾显露出来。绿色的菊花颜色显眼，因此将其均匀地散布在整个花束中。

❹

高于绿色菊花加入蓝盆花、花毛莨，但不要将菊花完全遮挡住。

❺

从侧面看花束并不是非常规则的半圆形，而是扇形。外侧的花材要尽量蓬松自然，注意花头不要下垂。

❻

在花束外围包裹一圈香豌豆，制作完成。

三八妇女节的明亮花礼

在三月八号妇女节为女性献上一束明亮的
花束。在阳光照耀下生长的金合欢、银莲
花、花毛茛，形成黄色与红色的鲜艳配色，
构成朝气蓬勃的春季花礼。

花材

银莲花	20 枝
花毛茛	10 枝
宫灯长寿花	10 枝
白刺花	10 枝
金合欢	15 枝

配色要点

银莲花花蕾和宫灯长寿花的红色和绿色，与艳丽的花材和绿色的叶材形成呼应。

制作步骤

① 选择花茎与花头都比较挺直的金合欢，用螺旋式手法形成花束中心。继续在外侧加入较弯曲的金合欢。

② 花束外侧的金合欢要呈现出蓬松感。去除靠近捆扎点区域的大部分叶子，注意保留部分绿叶，起到点缀作用。

③ 在花束外侧呈现放射状加入不规整的金合欢。上图是金合欢全部加入后的状态。

④ 将宫灯长寿花均匀地插入花束，高度与金合欢相同。

⑤ 宫灯长寿花全部加入后的状态。有些下垂的金合欢可以利用宫灯长寿花作为支撑。花束制作过程中难免出现凹陷，要随时调整花材的高度。

⑥ 将主花材银莲花插在金合欢中，在花束的中心部位加入半开放的银莲花。

边旋转花束边均匀地加入银莲花，银莲花要稍稍高于金合欢。

将银莲花花蕾和盛开的银莲花添加在花束外侧，以给人留下深刻的印象。银莲花的花茎柔软，不适合用来支撑金合欢。

银莲花全部加入后的状态。

在花束的空隙中均衡地加入花毛茛。花毛茛的色彩极具视觉冲击力，为了平衡整体，与金合欢同样高度插入即可。

花毛茛全部加入后的状态。

在花束空隙处均匀地加入白刺花作为点缀。让白刺花高于金合欢，有种跳出花束的感觉。

随机形成白刺花下垂的方向，营造自由随意的感觉。

大型樱花花束

将樱花与同色系的大丽花、郁金香、香豌豆等捆扎在一起，组成一束迎接春天到来的大型花束。通过这束花大家将学会如何利用花器制作一束包含大量枝材的大型花束。

花材

'河津樱' 樱花	10 枝
大丽花	10 枝
'空气' 郁金香（粉中带绿）	10 枝
'王朝皇冠' 郁金香（粉色）	10 枝
'红式部' 香豌豆	20 枝
蓝盆花	20 枝
'青苹果' 宫灯长寿花	10 枝

配色要点

用浅色调的花材搭配粉嫩的樱花。为了突出樱花花束的季节感，使用淡淡的黄绿色进行点缀。

制作步骤

❶ 将樱花枝根部对齐组合成一束。注意保持樱花枝垂直，以免树枝上端散乱。

❷ 平行地加入所有樱花枝。

❸ 樱花枝全部组合在一起后，手持操作比较困难，可以将其放在花瓶里进行后续的制作。花瓶的高度要正好位于花束捆扎固定的位置。

❹ 不要剪短宫灯长寿花，以原有的长度均匀地插入樱花空隙中。

⑤ 把去掉叶子的小朵的'空气'郁金香均匀地插入樱花空隙中。花茎要插到花瓶底部,否则花束捆扎时可能会捆扎不到。

⑥ 插入大朵的'王朝皇冠'郁金香。

⑦ 郁金香全部加入后的状态。

⑧ 稍稍高于郁金香插入大丽花。花束是四面观花型,因此要从各个角度确认加入的花材是否均衡。

⑨ 大丽花全部加入后的状态。

⑩ 从高处均匀地插入蓝盆花,以便从花束上方可以看到蓝盆花。

⑪ 蓝盆花全部加入后的状态。在花束中均匀地加入宫灯长寿花。

⑫ 围绕花束加入一圈香豌豆。

⑬ 所有花材全部加入后的状态。

⑭ 在花瓶瓶口处用拉菲草紧紧地缠绕数圈,并系好。最后调整捆扎点下方的花茎,制作完成。

春季餐桌上的维他命色花束

一束由可爱的花朵和可食用的绿色蔬菜组成的小花束，看起来似乎非常美味。在黄色的金合欢和三色堇中加入橙色的花毛茛、蓝色的黑种草和绿色的欧芹，形成春季餐桌上五彩缤纷的维他命色。

花材

三色堇	30 枝
'丁丁'花毛茛（黄棕色）	10 枝
'梅利嘉'花毛茛（淡黄色）	5 枝
'值得'花毛茛（橙色）	10 枝
黑种草	20 枝
金合欢	10 枝
欧芹	20 枝

配色要点

金合欢的黄色与欧芹的绿色组成了富有能量的维他命色组合。橙色的花毛茛使花束整体的色彩统一成一个整体。

制作步骤

❶ 用金合欢、欧芹、'丁丁'花毛茛、三色堇 4 种花材形成花束的中心，三色堇要稍高于其他花材。

❷ 加入'梅利嘉'花毛茛、'值得'花毛茛和黑种草。

❸ 均衡地加入'值得'花毛茛和黑种草。黑种草苞叶要跳出花束，突出其存在感。

❹ 沿着花束边缘紧凑地加入一圈金合欢。

❺ 在不破坏花束整体紧凑感的前提下，加入欧芹与金合欢。

❻ 在花束底部加入一圈欧芹，制作完成。

色彩缤纷的春季花束

由三色堇、郁金香、银莲花及绿色叶材等组
成色彩缤纷的春季花束。将卷曲的蕨芽缠绕
在郁金香种球上，增加花束的趣味性。

花材

三色堇（黄色）	20 枝	宫灯长寿花	10 枝		
三色堇（紫色）	10 枝	绛车轴草	10 枝		
郁金香（带球根）	10 个	紫哈登柏豆	10 枝		
银莲花	20 枝	蕨芽	10 枝		
矢车菊	15 枝	荷兰薄荷	10 枝		
羽扇豆	10 枝	银叶金合欢	15 枝		
垂筒花	15 枝				

配色要点

用深绿色的荷兰薄荷、复古色的银叶金合欢、淡绿色的绛车轴草等不输鲜花的绿色叶材，打造丰富的视觉层次。

制作步骤

❶ 将蕨类植物卷曲的新芽缠绕在郁金香球根上，共计制作 10 组。

❷ 将 3 枝黄色的三色堇用螺旋式手法形成花束的中心。

❸ 加入银莲花、垂筒花等辅助花材。银莲花低于三色堇插入，以突出三色堇的存在感。垂筒花高于三色堇插入，表现出垂筒花的线条美。

❹ 羽扇豆也有漂亮的线条，可以与垂筒花相同高度插入。与银莲花相同高度加入矢车菊，作为花束的点缀。

❺ 高出整体花束加入绛车轴草。

❻ 加入花型比较有趣的宫灯长寿花，红色的花蕾使花束更加活泼。与绛车轴草同样高度加入紫哈登柏豆，增加花束的线条美及跃动感。

在花束外围加入一圈黄色的三色堇。

加入大部分花材后的状态。将花束拿远一些，在观察色彩和形状是否均衡的同时，加入其他花材。

在花束外围再加入一圈紫色的三色堇。

在花束底部加入一圈荷兰薄荷及银叶金合欢。

花束即将完成的状态。边观察花束整体形状，边加入花材，使花束形成柔美的曲线。

将步骤 1 制作好的蕨芽郁金香组合均匀地插入花束的空隙间。要与羽扇豆、垂筒花同样高度插入，使花束具有整体感。花头可以朝向着不同的方向，形成自然的跃动感。

将剩余的花材全部加入花束，制作完成。

制作要点
要把三色堇花头附近的花材稍稍拉出一些，以免被三色堇遮挡住。

将冰岛罂粟融入蓝色系的花束

将无论是花蕾，还是盛开的花朵都非常可爱的冰岛罂
粟融入蓝色系的春季花束里。将花束装饰在家中，每
天都可以享受漂亮的色彩和丰富的花姿。

花材

冰岛罂粟	50 枝
短舌匹菊	20 枝
花毛茛	10 枝
黑种草	20 枝
矢车菊	15 枝
银叶金合欢	20 枝

配色要点

通过添加浅色系和艳丽的橙色冰岛罂粟，丰富花束的色彩。蓝色系花材的加入，更增加了色彩的冲击力。

制作步骤

①

选择花茎较直的冰岛罂粟和花毛茛组成花束的中心。

②

加入短舌匹菊后形成的空隙，用剪短的冰岛罂粟和银叶金合欢填充。

③

加入黑种草、矢车菊作为花束的点缀。短舌匹菊、黑种草、矢车菊构成深浅不同的蓝色。

④

冰岛罂粟花蕾加入花束时，要考虑到开花后不被其他花材挤压。在花束制作过程中会出现空隙，可以用剪短的银叶金合欢填充。

⑤

按照花茎弯曲的方向，将冰岛罂粟花头朝内或朝外放置。

⑥

花束制作中的状态。特别要注意冰岛罂粟花头的朝向和颜色的搭配。

黑种草的花和苞叶都非常可爱，苞叶可以作为叶材使用。

如果有向下弯曲或被埋没的冰岛罂粟，要随时用手将花头调整出来。

将花茎非常弯曲的冰岛罂粟放在花束的外围。

冰岛罂粟的花茎柔软易折，可以用银叶金合欢等比较硬挺的花茎支撑保护。

大部分花材加入后的状态。

将冰岛罂粟的花蕾加入花束。因为花蕾比花朵小，可以将花蕾高于花束插入，形成有趣的动感。

调整冰岛罂粟的高度后，在花束外围加入一圈银叶金合欢，制作完成。

Summer

夏天

开满红色鲜花的绿色花束

花朵娇小却极富个性的蓝星花与大朵的芍药、玫瑰组成花束。新绿象征着初夏，富有存在感的大花被可爱的小花与各种叶材包裹着，呈现出若隐若现的视觉效果。

花材

蓝星花（红色）	40 枝
'胭脂红' 玫瑰（红色）	10 枝
'第一版' 玫瑰（红色）	3 枝
玫瑰叶	15 枝
芍药	10 枝
独行菜	20 枝

配色要点

在红色的蓝星花中加入亚光质感的红色玫瑰和色泽鲜艳的芍药。通过绿色叶材将色彩和质感不同的红色花材联系在一起，形成一个整体。

制作步骤

❶ 握住蓝星花花茎底部，用螺旋式手法加入花材。

❷ 添加独行菜和玫瑰叶等绿色叶材填充空间。

❸ 为了突出蓝星花，玫瑰、芍药要比蓝星花插得低一些。

❹ 花束制作中的状态。玫瑰和芍药的花茎比较直，可将独行菜与蓝星花的花茎弯曲，呈现出自由的动感。

❺ 继续加入蓝星花，并及时调整花材的高低层次。

❻ 调整玫瑰叶的高度，使其呈现出从花束中跳出的感觉。检查花束的形状并调整花材的高度，制作完成。

夏日的非洲菊花束

将非洲菊与其他花材及绿色叶材，组合成色彩丰富的花束。这束花，不仅可以享受斑斓的色彩，非洲菊花蕾绽放的过程也非常值得期待。

花材

非洲菊	40 枝
风信子	6 枝
蓝盆花	25 枝
黑种草	35 枝
巧克力天竺葵	10 枝

※ 处于花蕾状态的非洲菊花瓣未水平打开。由于产品是混合运输的，因此颜色和形状会有所不同。

配色要点

❶ 不同开放程度的非洲菊与冷色调花材的搭配，为夏日增添了凉爽的气息。

❷ 为了更加突出非洲菊和初夏的感觉，选择深绿色的叶材作为搭配。如果是黄绿色的叶材，体现的则是春天的感觉。

❸ 用蓝色的黑种草弥补非洲菊中没有的色调。

制作步骤

去掉风信子上所有的叶子，将黑种草分成小份，去掉巧克力天竺葵下部的叶子。

非洲菊按照花蕾、半开放、完全盛开3种开放程度进行分组。取花蕾、半开放、完全盛开的各一枝，用螺旋式手法组成花束中心。

用螺旋式手法继续分组添加非洲菊，花头可以朝向不同的方向。

花头容易弯曲的非洲菊，可以用花茎比较硬的风信子支撑固定。

在不破坏非洲菊分组的情况下，用蓝盆花和黑种草填补非洲菊间的空隙。插入的高度与整体花材高度基本相同。

在花束的空隙间添加巧克力天竺葵。

非洲菊花头高度如果完全一致，会使花束显得呆板。因此分组加入的非洲菊花头高度要有稍许变化。

花束制作中的状态。重复步骤2~7的操作。

在花束的外围加入一圈黑种草和巧克力天竺葵。

在花束底部添加一圈黑种草花蕾，制作完成。

紫色的万代兰花束

将同为紫色系，但形状和质感各不相同的万代兰、蓝盆花、香豌豆捆扎成花束。在花束中加入藤蔓类的绿色叶材，虽然配色简单，但令人印象深刻，放在花瓶中作为家居装饰也非常赏心悦目。

花材

'深斑'万代兰	10 枝
蓝盆花	25 枝
香豌豆	40 枝
圆叶薄荷	30 枝
花叶水竹草	25 枝

配色要点

❶

❷

❸

❶ 万代兰具有现代时尚的形象，选用带有斑点的品种，会使作品呈现柔和自然的感觉。

❷ 色彩渐变的同色系的花材组合会使作品更具深度和层次感。

❸ 深绿色的圆叶薄荷与白绿相间的花叶水竹草组合在一起，更能突显夏日的清爽。

制作步骤

① 选择 3 枝花茎较直的万代兰组合成一束。

② 加入花叶水竹草。因为花叶水竹草是藤蔓植物，柔软无法竖立，所以需要将步骤 1 的万代兰倒置拿在手上，将花叶水竹草加入万代兰的空隙间。

③ 与万代兰相同高度加入蓝盆花和香豌豆。

④ 圆叶薄荷与万代兰也以相同的高度加入花束，按照步骤 2 的方法继续加入花叶水竹草花束。

⑤ 添加花材时不要将同种花材相邻放置。将花茎弯曲的万代兰放在花束外围。

⑥ 花束制作中的状态。因为万代兰的花茎比较短，要随时观察花束是否保持球形。

⑦ 大多数花材加入后的状态。

⑧ 在花束外围加入一圈香豌豆和圆叶薄荷。

⑨ 最后调整花束整体平衡，调整蓝盆花和香豌豆的高度，使其错落有致。

夏日的绿色花束

蓝色与绿色组合在一起，会给人清爽的感觉。
大面积的绿色容易显得单调，因此要选择不同
质感和色调的绿色花材，丰富花束的层次。在
主色调绿色中加入深蓝色作为点缀，形成酷暑
中的清凉花束。

花材

花材	数量
翠雀	25 枝
兜兰	5 枝
落新妇	50 枝
玫瑰叶	20 枝
豌豆叶	20 枝
锦叶瓦伦丁小冠花	10 枝

配色要点

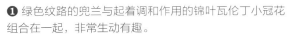

❶ 绿色纹路的兜兰与起着调和作用的锦叶瓦伦丁小冠花组合在一起，非常生动有趣。

❷ 夏天的花束最好不要使用暗色调，本案例以清新的绿色和蓝色为主。

❸ 将豌豆的卷须伸出花束。使用带有香味的玫瑰叶，创造除色彩以外的另一番清爽感。

制作步骤

❶ 选择 2 枝挺拔的玫瑰枝叶，以同样高度加入翠雀，组成花束的中心。

❷ 均匀地加入翠雀和玫瑰叶，直到花束宽度的一半为止。翠雀会增加垂直方向上的量感。

❸ 将锦叶瓦伦丁小冠花加到花束的中心和周围。藤蔓植物可以为花束增添飘逸感。

❹ 在花束外围添加一圈豌豆叶，增加横向的量感。豌豆卷须向外伸展出花束，突出花束的存在感。

❺ 在花束底部加入落新妇。

❻ 继续添加玫瑰叶和翠雀，将花茎弯曲的花材添加在外围，增加花束横向的量感。

❼ 加入豌豆叶和锦叶瓦伦丁小冠花，增加花束横向的量感。

❽ 全方位加入翠雀，扩大花束横向的宽度。

❾ 将小花材落新妇几枝组合在一起，分两三处加入花束。落新妇的花茎比较结实，可以用来支撑固定豌豆叶。

❿ 观察花束整体，在花材不足或想要增加花束横向宽度的地方，补充玫瑰叶。

⓫ 最后将兜兰均匀地加入花束的中心及需要的地方，制作完成。

空气凤梨与嘉兰的波浪花束

将灰绿色的空气凤梨与柠檬黄色的嘉兰组合在一起，
形成充满活力的清新夏日花束。灵活运用花材柔软
的线条，使花束呈现出波浪感。像空气凤梨这类没
有花茎的花材，需要特殊的固定技巧。

花材

嘉兰	10 枝
玫瑰（黄绿色）	10 枝
玫瑰（黄色）	10 枝
花毛茛	3 枝
雪花天竺葵	10 枝
'霸王'空气凤梨	2 个

材料

铝丝	
花艺胶带	
绿色喷漆	
18# 花艺铁丝	
藤圈	2 个

配色要点

黄绿色的玫瑰与花毛茛、雪花天竺葵在颜色上产生呼应。

制作步骤

❶ 将买来的藤圈拆开，用 2 个藤圈重新组合成一个直径约 35cm 的藤圈。

❷ 在藤圈的四等分处分别固定绿色的铝丝，在中心处把 4 根铝丝合并成一根，并用花艺胶带缠绕加固。

❸ 将拧成一根的铝丝剪成约 15cm 长，作为花束的手柄。

❹ 将整个藤圈用喷漆喷成绿色。也可以不喷漆，展现藤圈原本的颜色，同时步骤 2 中就无需使用绿色的铝丝。

❺ 花束架构完成。

❻ 2 个空气凤梨用 18# 花艺铁丝串联在一起。

将串联好的空气
凤梨放在架构的
对角上。

花茎较脆的玫瑰、
花毛茛、雪花天
竺葵很容易折断，
因此要使其花茎
沿着手柄加入
花束。

将花茎弯曲的黄
色玫瑰插入架构
的缝隙中，并使
花头略微伸出
架构。

藤圈架构可以保
证花束横向能插
入足够多的花量。
插入藤圈的花材
无需太高，且要
保持平整状态。

在藤圈外侧插入花
茎弯曲的嘉兰，营
造出花束的动感。

嘉兰全部插入藤
圈外侧的状态。

在藤圈中心处用
螺旋手法插入嘉
兰，并保持花头
朝上。

拉伸空气凤梨卷
曲的叶子，制作
完成。

色彩斑斓的时尚花束

将色彩丰富的，如同圆形甜点般的百日草和万寿菊等花材紧凑地捆扎成花束，可爱俏皮的花束适合作为夏日礼物送给好友。从花束中星星点点露出的蓝星花，以及花束周边缠绕的绿色多花素馨，共同营造出轻快的律动感。

花材

百日草（大花）	20 枝
百日草（小花）	8 枝
玫瑰	6 枝
万寿菊	8 枝
鸡冠花（绿色）	8 枝
蓝星花	10 枝
欧洲荚蒾	6 枝
多花素馨	10 枝

配色要点

❶

❷

❸

❶ 花束主色调为鲜亮的红橙色，通过添加 20% 左右的对比色蓝色，可以使花束达到更加鲜艳的效果。

❷ 多花素馨和欧洲荚蒾的绿色调，为花束增添了凉爽的气息。

❸ 花束不仅仅具有可爱的感觉，通过加入颜色微妙的鸡冠花与玫瑰，花束还呈现出沉稳的感觉。

制作步骤

在色彩鲜艳的百日草和万寿菊中间添加柔和的玫瑰、蓝星花和欧洲荚蒾，使整体颜色更加生动丰富。花头扁平的百日草要比其他花材插得更高一些。

选择 3 枝较大的百日草加入花束中心，并保持花束平衡。在百日草旁边加入浅蓝色的蓝星花，为了避免蓝星花被遮挡住，可将其高于其他花材插入。

在花束的空隙间加入花型独特的鸡冠花。

花材之间可以重叠，但要注意避免花束表面太过平整，尤其是百日草要营造出高低差。

制作过程中花束的表情会不断变化，可通过在浅色调花材集中的地方加入亮色调花材进行调整。百日草要高低错落地插入，花朵较大的百日草不要相邻放置。

灵活运用鸡冠花花头，使花束呈现出圆形轮廓。

通过调整花材高度，使不显眼的小花显露出来。

用 2 枝多花素馨藤蔓缠绕花束。第一枝顺时针缠绕，另一枝逆时针缠绕，将花束完整地缠绕一周。注意不要缠得太紧，要蓬松一些，看起来如图鸟巢一般。

让人感觉到时光脚步的瀑布形花束

鲜艳华丽的芍药中加入独特的西番莲、紫色的果实与绿色的
藤蔓，制成瀑布形花束。由于花束中花材的开放程度不同，
会让人真切地感觉到时光流逝的感觉。

花材

芍药	10 枝
玫瑰	10 枝
西番莲	6 枝
欧洲荚蒾	10 枝
紫珠	15 枝
千层金（黄金香柳）	10 枝
多花素馨	10 枝

配色要点

通过添加西番莲等个性独特的花材，可使作品鲜明地彰显出独特的个性。但为了避免这些花材过度张扬，可加入同色系的紫珠，使花束整体更加协调。

制作步骤

1 将西番莲和多花素馨用螺旋式手法组合，保持花茎垂直，注意花束前端不要散开。

2 加入花茎较长的玫瑰花蕾。

3 加入枝材紫珠，逐步营造出手持部分呈圆形，前端逐渐变窄的瀑布形。

4 为了增加手持部分的体量感，加入短枝的多花素馨。

5 在花束的前端加入花茎较长的芍药花蕾。

6 在花束的前端附近添加花蕾较小的欧洲荚蒾。

将玫瑰以不同的长度和位置加入花束，营造出变化。

如果花材长度从前端向手持部位规律地变短，那么花束会失去立体感。花材要不规律地逐渐变短，因此偶尔还要加入一些长茎花材。

西番莲是一种具有线条美的花材，在添加时要充分展现其花茎柔软的特点。

在花束制作过程中会出现空隙，可利用千层金填补空隙，增加量感。如想利用千层金增加花束长度，可将其从花束下方加入。

主花材芍药和西番莲要均匀地加入花束里。

为了增加花束的立体感，制作过程中有些花材被遮挡一些也没有关系。特别是芍药这种鲜艳的大型花材，即使被遮挡了一部分也不会影响其存在感。

将开放状态的主花材逐渐加入手持部分。在花束前端加入千层金填补空隙。

花束前端以花蕾状态的花材为主，手持部分则加入即将开放的玫瑰。

最后加入灵动的多花素馨增加花束的空间感，制作完成。

绿叶萦绕的花束

芍药、花毛茛等鲜花被绿叶包裹形成花束，鲜花透过柔和的绿叶若隐若现。在春夏季节交替之际，营造出一种慵懒惬意的氛围。

花材

芍药	10 枝
银莲花	15 枝
花毛茛	10 枝
'绿铃'白玉草	30 枝
蕨叶天竺葵	10 枝

配色要点

在粉色和紫色的基调中加入橙色作为调和色。用柔和的绿色虚化，增加花束的清凉感。

制作步骤

1 用螺旋式手法将芍药花蕾和蕨叶天竺葵组成花束中心，蕨叶天竺葵要高于芍药。

2 与芍药相同高度加入银莲花和花毛茛。将白玉草加在花朵间的空隙处，高度与蕨叶天竺葵相同。

3 在花束外围添加一圈蕨叶天竺葵，然后均衡地加入白玉草。

4 添加芍药、银莲花、花毛茛和白玉草。

5 继续加入白玉草，并在花束外围添加一圈蕨叶天竺葵。

捆扎点

6 把花茎较短的芍药、银莲花、花毛茛加在捆扎点周围，使花束更具立体感，制作完成。

夏季花束集锦

Autumn

秋天

古典的秋日玫瑰花束

漂亮的色彩、盛放的姿态、芬芳的气息，这是一束能够让人充分感受到秋季玫瑰魅力的花束。浓郁的红叶和紫红色的果实与玫瑰交相辉映，表现了绚丽的秋天，可作为礼物赠送给重要的人。

花材

多头玫瑰（粉色）	5 枝
多头玫瑰（绿色）	5 枝
玫瑰（粉色）	4 枝
玫瑰（紫粉色）	3 枝
玫瑰（橙色）	3 枝
铁线莲	10 枝
浆果金丝桃	20 枝
毛核木	30 枝

配色要点

这束花集合了各种美丽的古典色彩，尤其是绿色的玫瑰，散发出端庄宁静的气息。

制作步骤

将多头玫瑰的花茎剪短，用螺旋式手法组合在一起。

❶

将毛核木放射状加入花束。

❷

在玫瑰与毛核木的空隙间加入浆果金丝桃，透过叶子可以看到玫瑰。

❸

在花束底部加入铁线莲，营造出高低错落。

❹

把即将开放和已经开放的玫瑰逐步加入花束底部手持部分，使多头玫瑰在高度上更加突出。

❺

在玫瑰周围加入一圈毛核木。

❻

继续添加多头玫瑰，在花束的空隙间插入铁线莲和浆果金丝桃。

❼

再在玫瑰周围添加一圈毛核木。

❽

放射状加入余下的玫瑰和铁线莲。

❾

最后在花束外围添加一圈浆果金丝桃，并整体调整花材高度，制作完成。

❿

金色花束

将深受人们喜爱的银杏与玫瑰、圆锥绣球组合在一起，并加入朦胧感的穗状花材制成深秋的金色花束。银杏叶容易掉落，使用前要进行加固处理。

花材		材料
玫瑰（粉红色）	10 枝	冷胶
玫瑰（粉色）	10 枝	
玫瑰（橙色）	10 枝	
圆锥绣球	6 枝	
娜丽花	7 枝	
蓝盆花	10 枝	
粉黛乱子草	40 枝	
银杏	15 枝	

配色要点

即使是秋天的花束也不要仅仅使用暗色调，相反选择浅色调时花束会显得更加轻盈。

制作步骤

❶

加固银杏叶。因为银杏叶子比较容易掉落，所以事先用冷胶黏合加固叶子的根部。

❷

将圆锥绣球与粉红色的玫瑰用螺旋式手法组合，形成花束的中心。制作球形花束时要把状态最佳的花材放在中心。

❸

在团状花材间加入粉黛乱子草和银杏，打破规整的花束外形。粉黛乱子草可以 5 枝组合在一起使用。

❹

加入娜丽花和蓝盆花。蓝盆花体积较小，存在感较弱，可将其加在大花的上面。

5

为了使花束更加自然，花材不采用分组加入的方式。把即将开放的花材加入花束的中心，会使花束紧凑。

6

同样是玫瑰也要注意花材的高低错落。旋转花束，检查整体平衡。

7

在花束外围放射状添加银杏枝，使花束整体呈现圆形。

8

在制作过程中，由于手持力度的不同可能会导致花束中心部分花材凹陷，要随时观察并调整。

9

在花束外围加入五六枝组合在一起的粉黛乱子草，产生一种虚化感，制作完成。

硕果累累的秋日红色花束

由鲜艳的菊花、蝴蝶兰、娜丽花与鲜红的果实、
红叶组成花束。绿中带红的秋叶和果实累累的
北美冬青，会使人联想到秋天的景致。

花材

菊花（粉色）	8 枝
菊花（绿色）	4 枝
蝴蝶兰	5 枝
娜丽花	10 枝
康乃馨	5 枝
北美冬青	10 枝
红叶蓝莓	10 枝

配色要点

❶ 花束的主色调为红色系。

❷ 用蝴蝶兰的紫红色衬托娜丽花和北美冬青的鲜红色，使果实更加突出。

❸ 如果全部使用红色调，整体色彩会比较平淡。加入漂亮的绿色小菊后，花束整体变得明快鲜亮。

制作步骤

❶ 选择枝杆健壮的北美冬青用螺旋式手法组成花束的中心，并保持花枝呈放射状。

❷ 剪掉北美冬青根部的小枝，便于后续花材的添加。

❸ 加入红叶蓝莓，稍高于北美冬青。

在花束外围和北美冬青空隙间低低地插入菊花。花束整体在
色彩上没有分组，而是在高度上进行了上下分组。

将粉色的菊花与同色系的康乃馨一起低低地加入花束，完成
花束的下层分组。

在花束的中心部位高于菊花加入娜丽花，但娜丽花的高度也
要有所不同。

在花束外围也加入娜丽花，充分展现花材本身的线条美。

把比较柔软弯曲的北美冬青加在花束的外围。

稍高于菊花插入蝴蝶兰，使花束有一种灵动感。

玫瑰与大丽花花束

由色彩明艳的大丽花、亚光质感的玫瑰以及大量质感
不同的绿色花材共同组成花束。推荐作为秋日礼物赠
送给亲朋好友。虽然秋天是欣赏红叶的最佳季节，但
绿色与浅色调花材的搭配组合也值得尝试。

花材

大丽花	10 枝
玫瑰	5 枝
洋桔梗（绿色）	5 枝
长芒稗	50 枝
Olearia axillaris（拉丁名，目前没有中文学名， 可用银叶菊等银色叶片的植物代替）	10 枝
灌丛石蚕	10 枝
玫瑰叶	20 枝
银叶金合欢	20 枝

配色要点

花材选择了具有透明感的大丽花、洋桔梗，以及复古色调的玫瑰。配叶除了常见的绿色外，还选择了带有银灰色调的叶材，使花束有一种秋日渐近的感觉。

制作步骤

主花材大丽花螺旋排列形成花束中心，高于大丽花加入玫瑰叶。

❶

在空隙间加入洋桔梗和 *Olearia axillaris*。

❷

交替插入清爽的大丽花与复古色的玫瑰。

❸

有意识地将大丽花花头朝向不同的方向。

❹

❺ 继续加入大丽花，强化主花材的印象。

❻ 将除长芒稗、银叶金合欢以外的花材全部加入后的状态。

❼ 把作品拿远一些，有助于观察作品整体的色彩和形状是否均衡。

❽ 低于玫瑰的高度加入长芒稗。

❾ 在花束外围添加一圈银叶金合欢，制作完成。

大丽花、兰花与秋叶花束

从通透明快的大丽花和蝴蝶兰中间，延伸出色彩浓郁
的红色秋叶，具有强烈的色彩冲击力。花茎较短的蝴
蝶兰在制作过程中需要进行延长花茎的加工处理。

花材

大丽花（粉色）	10 枝
大丽花（黄色）	2 枝
蝴蝶兰	5 枝
娜丽花	10 枝
独行菜	20 枝
浆果金丝桃	10 枝

材料

花艺胶带	
试管	5 个
竹签	5 枝

配色要点

❶ 将具有通透感的黄色大丽花作为花束中的点缀花材。

❷ 光泽感的娜丽花与通透感的大丽花形成对比，再加入磨砂质感的红叶，使大丽花更加突出。

❸ 黄色和粉色的大丽花，通过蝴蝶兰中的黄色和粉色联系在一起。

制作步骤

❶ 准备好花艺胶带、竹签、加好水的试管，用于制作蝴蝶兰延长茎。

❷ 用透明胶带将试管与竹签固定在一起，然后用花艺胶带缠绕加固。

❸ 将蝴蝶兰插入试管。共计制作 5 支加长的蝴蝶兰。

❹ 取一枝花头朝上的粉色大丽花，与粗壮的浆果金丝桃组成花束的中心。

❺ 放射状加入极具动感的独行菜。不同朝向加入粉色的大丽花，增加花束的纵深感。

❻ 加入黄色的大丽花作为点缀。为了突出花束的通透感，不要选择暗色调的花材。

❼ 稍高于大丽花加入娜丽花。

❽ 将浆果金丝桃插入大丽花之间，可以起到防止大丽花花头旋转的固定作用。

❾ 为了避免大丽花彼此相邻，可将娜丽花插入大丽花之间。

❿ 在花束希望呈现动感的位置，添加步骤 3 准备好的蝴蝶兰，并将保水试管隐藏在枝叶间，制作完成。

秋日的紫色花束

使用渐变的紫色洋桔梗与铁线莲一起构成秋天的
紫色花束。在选择配叶时，如果没有变色的秋叶，
也可以选择本身就是红色或棕色的叶材，如枫叶
天竺葵等，以表现秋天的季节感。

花材

洋桔梗（紫白相间）	5 枝
洋桔梗（紫色）	3 枝
玫瑰	10 枝
铁线莲	6 枝
锦绣苋	15 枝
地中海荚蒾	5 枝
枫叶天竺葵	10 枝
银叶金合欢	10 枝

配色要点

柔软的紫色洋桔梗和玫瑰，表现出柔美的女性气质。而坚硬有光泽的紫色铁线莲和地中海荚蒾，则给人冷艳的感觉。

制作步骤

❶

将主花材洋桔梗用螺旋式手法组合在一起，然后均衡地加入玫瑰、铁线莲、锦绣苋和枫叶天竺葵。

❷

从不同的角度观察，在花束比较空的位置添加花材。

❸

加入色泽浓郁的地中海荚蒾，形成色彩对比。

❹

稍高于其他花材加入铁线莲和锦绣苋，增加花束的层次感。

❺

在花束底部添加枫叶天竺葵和银叶金合欢，制作完成。

秋日的向日葵花束

作为夏季花材的向日葵,与秋季花材组合后,也能被赋予
秋日的季节感。向日葵与酒红色的大丽花、巧克力波斯菊
及大量的毛绒稷组合在一起,营造出秋天即将来临的氛围。

花材

'梵高向日葵'向日葵	20 枝
其他 2 种向日葵	5 枝
大丽花	8 枝
巧克力波斯菊	30 枝
千层金（黄金香柳）	10 枝
狼尾草	40 枝
毛绒稷（喷泉草）	50 枝

配色要点

明艳的黄色与深沉的暗色混合在一起，预示着夏天即将结束，秋天即将到来。通过大丽花、巧克力波斯菊与向日葵花芯的相同颜色，把花束整体的色彩巧妙地联系在一起。

制作步骤

① 将 4 枝狼尾草和 4 枝毛绒稷用螺旋式手法组合在一起，形成花束的中心。

② 将开放的向日葵和巧克力波斯菊以不同的高度随意加入花束中，但不要高于狼尾草和喷泉草，营造出被狼尾草遮挡的若隐若现的感觉。

③ 沿着红色的狼尾草加入千层金，低于其他花材插入大丽花。

向日葵相邻或分散插入均可。团状的大丽花可以作为花束的视觉重点。

⑤ 添加完所有的花朵后，一边转动花束，一边将千层金、毛绒稷、狼尾草添加在花束的外围。

波斯菊花束

花束主要由 100 枝盛开的重瓣波斯菊组合而成。有着
柔软的茸毛质感的法绒花与伞花麦秆菊，为寒冷的晚
秋增添了温暖的力量。

花材

重瓣波斯菊	100 枝
法绒花	20 枝
落新妇	40 枝
伞花麦秆菊（伞花蜡菊）	30 枝
醉鱼草	10 枝

配色要点

如果只使用深粉色的波斯菊，会使花束色彩过于浓烈。加入淡色系的落新妇后，浓烈的色彩得到中和，花束也变得更加温暖柔和。

制作步骤

❶ 将 10 枝不同开放程度的重瓣波斯菊用螺旋式手法组合在一起，形成花束的中心。

❷ 在波斯菊中间加入落新妇、法绒花和伞花麦秆菊。为了充分展现伞花麦秆菊优美的线条，使其高于其他的花材。

❸ 在花束空隙间加入落新妇，营造出若隐若现的感觉。

❹ 为了避免仅由小花构成的花束过于紧凑单调，可以将花材高低错落插入，或通过插入叶材创建更具层次的空间。

❺ 在花束外围高于其他花材，加入伞花麦秆菊和醉鱼草，以展现花材的线条美。

❻ 最外侧的花材稍稍下垂，增加了灵动感。最后调整花束整体平衡，制作完成。

冬天

山茶花与兰花组成的架构花束

由白色的山茶花、万代兰，以及浅色的圣诞玫瑰等组成架构花束。由于配色简单，花材间的搭配组合，以及山茶花光滑的绿叶与周围粗糙的苔藓树枝的对比，形成强烈的视觉效果。

花材

花材		材料
山茶花	20 枝	木棒铁丝
万代兰	8 枝	铝丝
圣诞玫瑰	10 枝	花艺胶带
珍珠绣线菊	30 枝	冷胶
苔藓树枝	10 枝	

配色要点

使用白色花材营造出庄严的冬日氛围。山茶花黄色的花蕊更能突显花瓣的纯净。

制作步骤

❶ 将 35~40cm 长的细苔藓树枝交叉固定成一个直径约 40cm 的圆环。

❷ 将铁丝缠绕在交叉的树枝上，并用钳子拧紧，然后剪掉多余的铁丝。铁丝拧紧后凸出的一面置于圆环的背面。

❸ 为了与苔藓树枝色彩统一，在 45~50cm 长的铝丝上缠绕茶色的花艺胶带。共计制作 3 根。

❹ 将步骤 3 加工好的铝丝的一端固定在圆环的三等分处，3 根铝丝在中心处交叉。苔藓树枝比较坚硬，缠绕铁丝时需要小心。

❺ 在圆环中心处弯曲 3 根铝丝末固定的一端，做成花束的手柄。

❻ 用茶色的花艺胶带从上向下缠绕手柄，花束架构制作完成。

⑦

沿着架构的手柄，放射状加入山茶花花蕾。

⑧

山茶花也可以穿过苔藓树枝架构的缝隙，并保持花头和叶子朝上。

⑨

继续加入山茶花花蕾，直到形成花束的轮廓，并保持支撑花束的架构隐约可见。加入花材时要有意识地保持花头水平，不要有太多的起伏。

⑩

万代兰按照花头的自然朝向，均衡地加入花束中。花束中心及外围都要加入万代兰。

⑪

在花束的空隙间加入圣诞玫瑰，高度与万代兰相同。

⑫

在花束的中心处加入盛开的山茶花作为主花材，高度与万代兰和圣诞玫瑰相同。

⑬

所有开放的山茶花加入后的状态。山茶花比较容易脱落，放入花束时需要格外小心。

⑭

在花束的空隙间加入珍珠绣线菊，从中心向外形成蓬松的放射状。

⑮

所有珍珠绣线菊加入后的状态。

⑯

选择茎杆较直的山茶花花蕾加入花束的空隙间和手持部分。

⑰

用冷胶粘贴固定苔藓树枝上的苔藓，并隐藏固定铁丝，制作完成。

一品红圣诞花束

由粉色的一品红与玫瑰组成的甜美花束。推荐一品红盆栽，既可以作为盆花观赏，又可以作为切花使用。由同色系花材组成的一品红小花束，非常适合作为圣诞聚会的伴手礼。

花材

'公主'一品红	10 枝
玫瑰（粉色）	10 枝
玫瑰（玫红色）	10 枝
银莲花	10 枝
蓝盆花	15 枝
娜丽花	10 枝

配色要点

❶ 因为一品红有着深绿色的叶子，所以花束中不需要使用其他叶材。

❷ 同一色系花材的组合中，具有圣诞节氛围的红色银莲花是花束中的色彩亮点，同时也可以联系其他花材，使作品形成统一的整体。

❸ 深粉色的蓝盆花、娜丽花，以及淡粉色的一品红，把鲜红色的银莲花衬托得更具存在感。

制作步骤

为了突出一品红伸展的姿态，将玫瑰、蓝盆花、银莲花低于一品红用螺旋式手法组成花束的中心。

高于玫瑰和蓝盆花加入娜丽花。

花束制作过程中，一品红可能会下陷，因此要边制作边调整高度。

继续添加一品红。一品红之间可以相邻放置，但要注意花与花之间的高低错落，避免完全重叠。

花束制作中的状态。注意一品红添加是否均衡。

在同色系花材中加入红色的银莲花，成为色彩的视觉重点。

将较大的一品红添加在花束的中央，较小的放在花束外围。

将娜丽花添加在花束外围，勾勒出花束的轮廓，为花束增加韵律感。

最后在花束外围加入蓝盆花，制作完成。

空气感的大型槲寄生花束

带有冬日浪漫气息的槲寄生，与紫色的翠雀和其他叶材一起组成蓬松的花束。利用槲寄生放射状自由伸展的枝条，可以制作出大型的花束，成为冬日靓丽的风景。

花材

翠雀	20 枝
槲寄生	20 枝
石斑木	6 枝
非洲蓝罗勒	20 枝
日本花柏	10 枝

配色要点

石斑木果实与非洲蓝罗勒叶片均带有深紫色，与翠雀形成统一的紫色调。

制作步骤

❶ 将槲寄生随意地组合在一起，构成花束基座。先插入较硬的花材，可减少螺旋式手法对花材的损害。

❷ 加入石斑木，利用槲寄生的分枝使石斑木从内向外放射状分布。

❸ 在槲寄生的空隙中加入日本花柏，使花束呈现中心具有重量感，而边缘轻盈的感觉。

除非洲蓝罗勒以外的叶材都加入后的状态。

将非洲蓝罗勒添加在日本花柏的周边。

大多数叶材加入后的状态。

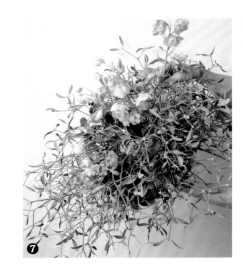

高于非洲蓝罗勒加入翠雀。

将盛开的翠雀加入花束的中心，花蕾待放的加入花束的外围。

最后将剩下的非洲蓝罗勒加入花束外围，制作完成。

梦幻的菊花与银莲花花束

尝试着制作一束能够表现从秋季到冬季再到
春季的季节变换的花束吧。花材选用了秋天
的菊花，春天的银莲花，以及有着冬日色调
与质感的法绒花及薰衣草叶，形成既非日式
也非西方风格的梦幻花束。

花材

菊花（粉色）	12 枝
菊花（白色）	5 枝
染色菊花（蓝色）	4 枝
银莲花	10 枝
法绒花	15 枝
薰衣草	10 枝

配色要点

花束使用了色调清雅的菊花、银莲花和法绒花营造冬日的气息，传达出从秋天到冬天的季节变换。

制作步骤

❶ 选取一枝花头轻巧、花茎较长的白色菊花。

❷ 与白色菊花相同高度加入主花材粉色菊花。

❸ 保持律动感的同时加入薰衣草，并有意识地保持花材紧凑，尽量不要散开。

❹ 用法绒花及其叶子填补花材间的空隙，形成第一层分层。通过不断分层添加菊花和叶材，形成流线型花束。

❺ 低于法绒花加入白色和粉色的菊花。

❻ 用法绒花及叶子填补花材间的空隙，完成花束的第二层。

添加菊花和叶材形成花束的第三层。

加入主花材粉色菊花后，添加染色菊花作为重点色。

同步骤 8 一样，加入主花材粉色菊花后，将银莲花添加在主花旁边。

添加菊花和叶材，形成整洁漂亮的分层。

加入法绒花，并确保花束不会由于花茎移动而散开。

按照适当的间隔，在花束中加入银莲花和染色菊花。白色菊花花瓣纤细蓬松，将其花头朝外勾勒出花束的外缘。

保持同样的花束宽度，继续添加花材。

通过在手持部分添加银莲花和染色菊花，使花束更加轻盈。

从花头到手柄，花束要保持同样的宽度和体量，但是越靠近手柄的部分色彩越浓重。

大量添加粉色菊花，并利用柔软的花茎完成手柄的弯曲处理。

仙客来花束

常用于盆栽的仙客来，作为鲜切花用在花束中
也非常漂亮。将仙客来与花瓣形状相似的娜丽
花以及白色的乌桕果实捆扎在一起，既可以作
为圣诞节的餐桌花装饰，也可以作为冬天婚礼
上新娘的手捧花使用。

花材

仙客来	40 枝（花）
	15 枚（叶子）
花毛茛	10 枝
娜丽花	10 枝
银叶菊	20 枝
乌桕	15 枝

配色要点

❶

❷

❸

❶ 从仙客来和花毛茛白色的花朵中，露出星星点点的粉色，是此花束的特点。

❷ 虽然同为白色，但娜丽花光泽的花瓣与乌桕厚重的果实有着质感上的区别。

❸ 此花束中花与叶子分开使用。仙客来和银叶菊的叶子仅用在花束的底部，以突出花束的轮廓。

制作步骤

① 1 枝仙客来存在感比较弱，可以将 3~4 枝仙客来组合在一起使用。

② 与仙客来相同高度加入花毛茛、娜丽花和乌桕。

③ 用手调整仙客来朝向，将花头下垂的仙客来调整为花头朝上。

④ 比起单枝仙客来花朵，仙客来花束有着更加漂亮的曲线美。

⑤ 将仙客来放在乌桕之间，依靠乌桕支撑使仙客来花头朝上。

⑥ 花朵全部放入后的状态。

⑦ 在花束底部均匀地添加一圈仙客来叶子，能起到支撑花头的作用。

⑧ 仙客来叶子加入后的状态。

⑨ 检查花束整体平衡，并确认花束是否为圆形，然后在花束底部加入一圈银叶菊。

⑩ 银叶菊全部加入花束，制作完成。

蓝色调的新年花束

由染色后蓝色的羽衣甘蓝与同色系的银莲花、花毛茛组成的冷色调新年花束。花束的外围用深绿色的松枝包裹，突显出日式风格。

花材

花毛茛	10 枝
羽衣甘蓝（染色）	10 枝
银莲花（浅紫色）	5 枝
银莲花（紫色）	5 枝
蓝盆花	20 枝
Olearia axillaris（拉丁名，目前没有中文学名， 　可用银叶菊等银色叶片的植物代替）	10 枝
日本五针松	15 枝

配色要点

❶ 用蓝紫色系的蓝盆花、银莲花和染色的羽衣甘蓝形成花束的中心。

❷ 如果搭配色彩鲜艳的花材，会使染色的羽衣甘蓝显得非常不自然，因此选用了同为冷色调的花材。用常绿的松枝围绕花束，可以营造出新年的氛围。

❸ 花毛茛和 *Olearia axillaris* 代表雪，松树是新年的象征。花毛茛白中带绿，与松枝的搭配恰到好处。

制作步骤

去掉羽衣甘蓝外面的绿叶，展现出里面更加柔和的色彩。用 3 枝羽衣甘蓝组成花束的中心。

与羽衣甘蓝相同的高度加入花毛茛。在花毛茛与羽衣甘蓝空隙间加入 *Olearia axillaris*，增加花束的动感。

加入色彩浓烈的银莲花和蓝盆花。为了避免银莲花开花后变得拥挤，尽量不要相邻放置。

花束制作中的状态。

将 *Olearia axillaris* 均匀地加入花束的空隙间。

捆扎点

羽衣甘蓝的花茎比较粗壮，捆扎点部分如果太靠上会使花束过于紧凑而显得呆板，因此捆扎点尽量靠下。

除松枝外所有花材加入花束后的状态。

在花束底部加入松枝，填满空隙。

松枝全部放入后，制作完成。

期盼春天的花束

从春天开到夏天的非洲菊，即使用在冬天也非常适合，充满朝气的花姿让花束更加可爱。在郁郁葱葱的绿色中，若隐若现含苞待放的非洲菊和郁金香，营造出一种春天即将到来的感觉。

花材

非洲菊	40 枝
郁金香	10 枝
黑种草	30 枝
苹果天竺葵	10 枝
艾草	10 枝

配色要点

❶

❷

❸

❶ 新鲜的绿色与非洲菊柔和的暖色形成对比。

❷ 使用银灰色叶子和明亮的黄绿色花朵为寒冷的冬日增添温暖。

❸ 通过非洲菊暗色调的花芯将花束联系成一个整体。

制作步骤

因为郁金香的花会被叶子遮挡，所以要去掉郁金香花头附近的所有叶子。

预留长于其他花材的苹果天竺葵，较短的苹果天竺葵可用于手柄部分。

郁金香与艾草组成花束的中心。

稍高于郁金香加入黑种草和苹果天竺葵。

稍高于郁金香加入 5~6 枝非洲菊。选择一些小型且即将开放的非洲菊加入花束中心，开放后花束会非常漂亮。

将非洲菊花蕾朝向各个方向放入花束。

在空隙间加入绿色花材。巧妙利用弯曲的花茎，支撑固定非洲菊易于下垂和旋转的花头。

从各个角度检查花束，一边观察花束的整体均衡及形状，一边加入花材。

在花束外围加入花头弯曲的花材，产生一种鲜花四溢的感觉。

在花束外围大量添加叶材，用艾草构成花束的轮廓。

黑种草加入花束外侧后，花束整体会变得蓬松轻盈。

制作过程中花束中心难免会下沉，调整花材的高度使花束整体呈现球形，制作完成。